U0213938

筑境

中国精致建筑100

浙江新叶村

李秋香 撰文/摄影

中国建筑工业出版社

出版说明

中国是一个地大物博、历史悠久的文明古国。自历史的脚步迈入新世纪大门以来，她越来越成为世人瞩目的焦点，正不断向世人绽放她历史上曾具有的魅力和光辉异彩。当代中国的经济腾飞、古代中国的文化瑰宝，都已成了世人热衷研究和深入了解的课题。

作为国家级科技出版单位——中国建筑工业出版社60年来始终以弘扬和传承中华民族优秀的建筑文化，推动和传播中国建筑技术进步与发展，向世界介绍和展示中国从古至今的建设成就为己任，并用行动践行着"弘扬中华文化，增强中华文化国际影响力"的使命。从20世纪80年代开始，中国建筑工业出版社就非常重视与海内外同仁进行建筑文化交流与合作，并策划、组织编撰、出版了一系列反映我中华传统建筑风貌的学术画册和学术著作，并在海内外产生了重大影响。

"中国精致建筑100"是中国建筑工业出版社与台湾锦绣出版事业股份有限公司策划，由中国建筑工业出版社组织国内百余位专家学者和摄影专家不惮繁杂，对遍布全国有历史意义的、有代表性的传统建筑进行认真考察和潜心研究，并按建筑思想、建筑元素、宫殿建筑、礼制建筑、宗教建筑、古城镇、古村落、民居建筑、陵墓建筑、园林建筑、书院与会馆等建筑专题与类别，历经数年系统科学地梳理、编撰而成。本套图书按专题分册，就其历史背景、建筑风格、建筑特征、建筑文化，结合精美图照和线图撰写。全套100册、文约200万字、图照6000余幅。

这套图书内容精练、文字通俗、图文并茂、设计考究，是适合海内外读者轻松阅读、便于携带的专业与文化并蓄的普及性读物。目的是让更多的热爱中华文化的人，更全面地欣赏和认识中国传统建筑特有的丰姿、独特的设计手法、精湛的建造技艺，及其绝妙的细部处理，并为世界建筑界记录下可资回味的建筑文化遗产，为海内外读者打开一扇建筑知识和艺术的大门。

这套图书将以中、英文两种文版推出，可供广大中外古建筑之研究者、爱好者、旅游者阅读和珍藏。

目录

浙江新叶村

位于中国浙江省建德市大慈岩镇的新叶村，是一处历史悠久、保存完整的村落。新叶村始建于宋末元初，历经几百年逐步发展，形成了当地最大的成熟聚落，清晰记录了宋、元、明、清、民国至今的乡村历史，如实反映了不同时期村落格局、房屋规划的特点及其隐含的宗族制度。村落中保留下来的各型各类乡土建筑成为聚落家族变迁的珍贵佐证，其风格形制、工艺技术具有显著的地域特色，在中国的乡土建筑中具有一定的代表性。

一、一个古老
山村的价值

我们中华民族的祖先，以他们的聪明才智和勤劳刻苦，为了生存和繁衍，用长满老茧的双手，在辽阔的祖国大地上，一木一石，营造起一幢幢房屋，形成几十万座村落。正是在这些极其普通的村落里，我们祖先用乳汁和亲情喂养了整个民族，孕育了民族的文化。因此，在乡土建筑中，保留的我们民族的记忆、民族的感情最丰厚。不但研究中国古代建筑的历史没有乡土建筑是不完全的，研究中国的文化史，也不能没有乡土建筑。

然而，对乡土建筑的研究是困难的。在中国历史上，由于战乱频繁、灾荒不断，颠沛流离和逃荒避乱简直成了民族历史的"主题歌"。因此，我们很难找到从定居以来，经几百年稳定的，不间断发展而完整保存到现在的村落。浙江建德的新叶村是个少有的例子，在方圆10公里的范围内，它是最大的聚落，它古老、有相当完整的规划，村落发育程度相当高，建筑类型多，它的乡土建筑在我国江南，富春江一带很有典型性。更加难得的是它们基本上完整地保留了下来。新叶村始建于宋末元初，从玉华叶氏第一代叶坤到这里定居后，历经宋、元、明、清、民国至今，共计三十余代，是一个血缘村落。玉华叶氏排斥了各种外界的干扰，避开了一次次战乱灾祸，在一块并不算富饶的土地上，繁衍成了一个巨大的宗族。

新叶村的可贵就在于它记录历史发展的清晰和完整。在这个村子里保留下来的明、清两代建造的住宅、祠堂、街巷、砖塔、庙宇、书院

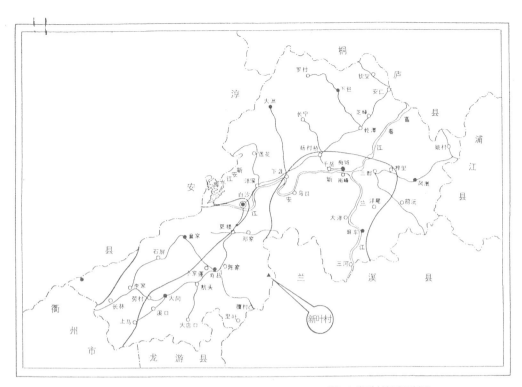

图1-1 新叶村行政区划图

新叶村曾隶属于浙江省的寿昌和兰溪，历史上
曾有许多著名文人来此，留下许多不朽诗篇。

一个古老山村的价值

◎筑境 中国精致建筑100

图1-2 新叶村环境

玉华叶氏的始祖是在南宋末年，从北方迁到安徽，辗转至浙江寿昌湖岑畈，再移居到现在的新叶村位置。由于位于山区，地理位置偏僻，新叶村形成聚落后一直延续发展至今。

和文昌阁，成为玉华叶氏家族史的实物佐证。那些大大小小不同层次的祠堂，述说着这个宗族从始迁祖到多支多派发展的全过程和这些支派的层次系统，各支派的住宅聚拢在这些宗祠周围形成团块，以这些团块为单元组成整个村落。新叶村的这种结构方式反映着宗族制度的统治作用；对文化传统的尊重和科学仕途的追求可以从文峰塔、文昌阁、书院、许多住宅的书房以及住宅的装饰题材中看到；农耕生活的原始宗教意识，可以在土地祠、五谷祠、五圣庙之类建筑中找到表征。新叶村是一个纯农业村落，没有商业和作坊。财富的积聚不大，民风淳朴，装饰华丽的大宅并不很多，基本以简素的小宅为主。但在村落和住宅形制中，明显表现出农业自然经济的特色。叶氏家族从元末明初的兴起到20世纪30年代逐渐的衰落，也都一一表现在不同时期构建的房舍和聚落规划中。同时，新叶村村落的整体布局和结构，它的各种建筑物的形制、风格和木作技术，在浙江西部都具有普遍的代表性。

图1-3 新叶村全景图

新叶村西面为玉华山，海拔652米；村北为道峰山，海拔517米。沿两山的山脚，村子从西北向东南伸展，形成至今长约1公里，宽0.5公里，有800多户的大村落。

为了研究这座小村落，我曾几度住在新叶村，浓如酒浆的乡情和人情，使我几次离开时都感到难舍难分。忘不了在鹅鸭成群的水塘边，我挽着裤腿，一边洗衣服、一边听乡姑农妇们闲话家常；忘不了我走家串户，在檐廊下听老工匠讲解祠堂的做法。早上，我听着学童的歌唱起床，晚上，房东大婶磨豆腐的吱吱声一直把我们送入梦乡。在和这些朴实的农民朝夕相处之后，我渐渐悟出了乡土建筑中蕴含着的浓重的人文魅力。这人文魅力来自农民的厚道，热情的性格，来自他们对生活美、对生活和谐的追求。我们民族的祖先，对他们辛勤劳动所创造的家园的热爱，确实是我们这个古老民族能够凝聚、能够绵延的源泉。

二、玉华叶氏源流

新叶村地处浙江省建德（旧时称严州）的东南部，过去曾属兰溪。这一带在两晋之前人烟稀少，尚有大片未垦地。据宋淳熙《严州图经》记载，晋太康年间严州地区只有347户。"永嘉之乱"、"安史之乱"、"靖康之难"，北方士族和百姓纷纷向江南移民，其中一些人也到建德落户。因为大部分移民是避乱而来，所以士族很多。

新叶村以前叫"白下里叶"。白下，指的是"白岩山下"，白岩山就是玉华山。里叶就是玉华叶氏。"新叶"这个村名是1949年以后更改的。

关于叶姓人来到这里定居，据《玉华叶氏宗谱》记载："始祖坤，字德载，行千五一世，居寿昌湖岑，宋宁宗嘉定年间(1208—1224年)迁玉华，赘夏氏。"夏氏是他的娘舅家。但后来夏姓人离开了此地，叶姓人却在此

图2-1 新叶村住宅俯瞰
村子的主要出入口，一条在有序堂前，有大路通严州府城；一条在抟云塔下，有路通兰溪；还有一条在西山祠堂下。这几个出入口，除了有公共性建筑外，原来水口处有大片的香樟及枫树林，将整个村落维护起来。20世纪七八十年代，树木砍伐殆尽；如今为保护古村落及环境，水口开始种树，又恢复了葱郁的水口面貌。

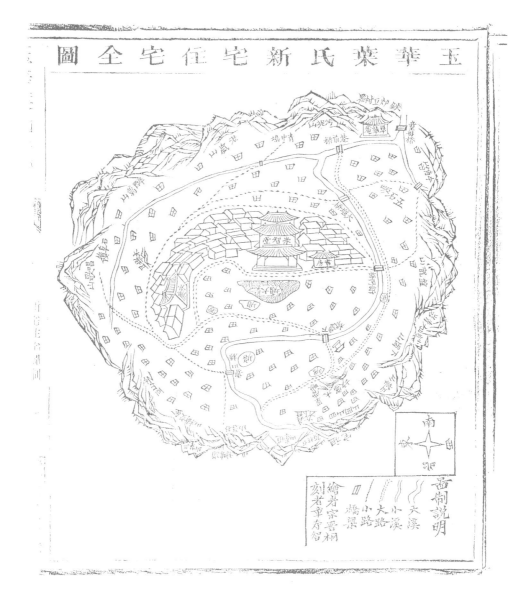

图2-2 玉华叶氏里居图

在选定了定居地后，叶氏祖先便开始对村落进行规划和整修，从玉华山引来双溪水，围合住村子，称内溪；又改造从道峰山而来的水，为外溪。内溪和外溪在村东南水口处汇合。内溪的泉山比较洁净，溪边每隔不远便有一处石阶小水埠，供村人洗涤和取水。

图2-3 住宅与水塘

村子有水塘六口，多数池塘由小渠从内双溪引水，也拦蓄一些雨水。水塘供日常洗涤之用，又可防火灾，改善居住小气候，调节村落空间景观，及放养鹅鸭等。塘边整天都有妇女在洗衣物，身边孩子嬉闹，是村子最有生气的地方之一。

地生根发荣，已有八百多年的历史，至今仍保存完好的《玉华叶氏宗谱》详细地记载了玉华叶氏的家族史。

明代后期，崇智堂派有一部分人先后迁往距新叶村三华里之外，东南方向的三石田村，宗谱载："新宅又名三石田，于前明弘治年间由尚字行世祖智宪、智宝兄弟二人卜居焉。智宪、智宝是为新宅始迁祖宗。"以后陆续有人迁往，最后连宗祠崇智堂也拆迁了过去。崇智堂人口的迁移，为崇仁堂派的崛起提供了契机，新叶村发展建设达到高潮。至民国初年新叶村再次出现一次建设的小高潮。

三、村落的选址与规划

新叶村虽然没有一次性完成的统一的规划，但从元代叶克诚肇基，经明代叶天祥、叶一清等历代继踵，每次重大建设，包括选址、理水、造宗庙、筑道路桥梁和兴建住宅等，都有整体性的考虑，对环境整治和村落本身的结构方式，都起了规划作用。这个建设过程，是在极其封闭的农业社会里，在严密的封建宗法制度下，一个血缘聚落的建设史。因为凡重大的建筑，关系到全村公共利益的，都是由宗族组织主持，所以村落才能够而且必然会有相当程度的规划。

1.选址

新叶村的选址很好。它有农业社会里生存繁衍的最基本条件：土和水。

这地方有两座高山，一座是玉华山（又名"砚山"），另一座是道峰山，新叶村与它们鼎足而三。两座山的西北，是广阔的山区，森林绵延不绝，山产十分丰富。两座山的东南，是平缓的土冈和谷地平川，宜于水旱农作。村子左右的小山冈，正可培植薪炭林，种植茶、橘等经济树木。这片谷地平川有一万亩左右，在这一带丘陵区相当大的范围里，是最大的。新叶村正在林区和农区之间，可以充分利用和开发两种互补的经济。村西的玉华山有两股水，村北的道峰山有一股水，流经村落，供村民生活所需，然后再出村灌溉谷里的农田。山坡上也有泉水，挖坑汇聚成塘，可以就近浇地。在叶克诚、叶天祥、叶一清等人的擘划

图3-1 农历三月三新叶村南塘前游神景象
村落位于道峰山的正南，道峰山南侧有两层低
山，从村子看去，连道峰山一共三层。堪舆师说
这意喻三道金牌，之后叶氏家族果然受到皇帝三
次诰封。从村北口有序堂至道峰山，是风水术所
称的"明堂"。叶氏家规，不许在这里造屋，要
保持明堂的开阔。有序堂前又是新叶村的公共中
心，每年农历三月三，都要在这里举行庙会。

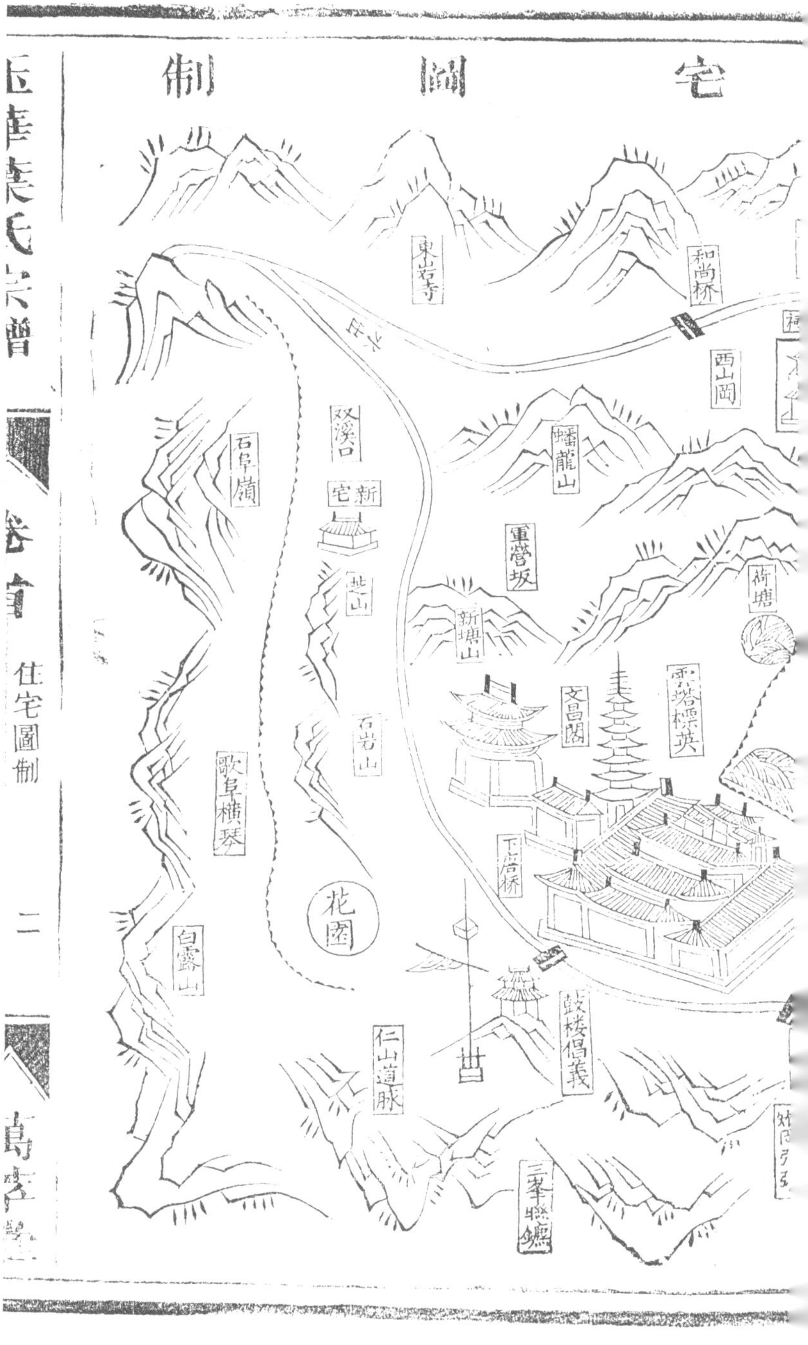

浙江 新叶村

村落的选址与规划

筑境 中国精致建筑100

图3-2 新叶村"玉华叶氏住宅图制"

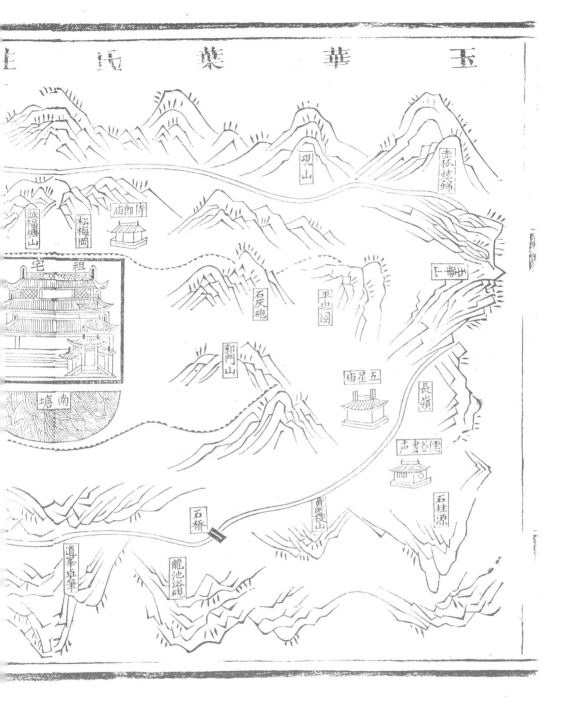

下，经过乡民们几百年的努力，兴修了抗旱排洪的水利，改造了贫瘠的薄地，新叶村的土和水所哺育的农业，终于有力量供养玉华叶氏的这个村落。

堪舆书《宅经》里说："宅以形势为骨体，以泉山为血脉，以土地为皮肉，以草木为毛发……。"新叶村，正是骨体壮实、血脉丰沛、皮肉腴厚、毛发茂密。在自给自足的自然经济条件下，只要风调雨顺，他们就什么也不怕了。

新叶村叶姓的始迁祖是叶坤，但新叶村的选址，传说是三世祖叶克诚请理学家金仁山（名履祥，字吉甫。兰溪人。少有经世志。及壮知濂洛之学，遂穷究义理，为一代名儒）选定的。金仁山精于堪舆，他把村落置于道峰山的正南，玉华山的正东，三者正好成为一个直角三角形，村子就在直角之上。道峰山为朝

图3-3 有序堂及南塘
新叶村最早的祠堂，总祠西山祠堂，建在村外。另有宗祠之下的分房祠，里宅派的雍睦堂和外宅派总祠有序堂，统称"大厅"。有序堂虽是外宅派总祠，它的房派实力大大超过里宅派，因此它占据了村落的重要位置，正对道峰山。

图3-4 新叶村外溪

新叶村外溪，是排泄山洪的通道，又是村落的界定，日常村民们常在溪中洗衣。

山，玉华山为祖山。村子的整体朝向北方，面对道峰山明亮的阳坡。

　　村子位于二山之间峡谷的东南口上，正是"山起西北，水聚东南"的好风水。从道峰山来的一条溪和从玉华山来的两条溪，环绕全村之后，在新叶村东南方大约一里多的地方汇合。汇合处正好南有象山，北有狮山，两座小小的土阜。《山龙语类》说："水口者，水既过堂，与龙虎案山内外诸水相汇合流而出之处也。"象山与狮山，就是龙虎案山，这里正是新叶村的水口。按风水术的说法，水口应该"关锁"，才能"聚止内气"，兴旺发达。象山与狮山就起了关锁水口的作用。

村人们津津乐道地传说，金仁山选定了新叶村的地址后宣称，它的风水之好，足以使新叶村子孙繁衍，千丁出入，千年无难。虽然是无稽之谈，但这种传说，无疑曾经给叶氏宗族以信心，使他们克服土质瘠薄，水旱频仍的困难，艰苦地坚持下去，一代代地辛勤劳作，改造开发这方土地，使这个宗族800多年保持着强大的凝聚力，没有像早于他们住在这一带的应、夏和汪几姓人那样弃地而他去。

2.理水

新叶村的水源有两种，一种地表水，一种地下水。

地表水就是前述的三条活水。一条离村子比较远，发源于道峰山与玉华山之间的峡谷，自西北流向东南，到村东与另两条先后汇合，成为水口。这是一条自然的排洪沟，经过人工修整，因为与村子之间还隔着一条高地，所以叫做"外溪"。它的作用是灌溉高地以北的农田和村东南直至三石田村的大片农田。另外两条活水叫做"内渠"，分别发源于玉华山的东北和东南山麓，经过叶克诚和叶一清等主持疏导，成了新叶村最重要的供水和排水工程，它们供应全村人口的生活用水，宣泄山洪、雨水和污水，与外溪一起灌溉村子东南的水田。

图3-5 南塘北望道峰山

最大的水塘是南塘，位于有序堂前，但尺度却远
大于有序堂，而与整个村落的规模配称。掘堪舆
师说，道峰山是卓笔峰，玉华山是砚山，南塘作
为"墨沼"，倒映两山，形成"文笔蘸墨"，有
利于科甲。又说，卓笔峰属"火"形，必须有水
塘才能消火。因此南塘保护整个村落。

村落的选址与规划

筑境 中国精致建筑100

这两条作为村子命脉的内渠，因为重要，人们在玉华山和道峰山之间，靠近泉水源头建了一座玉泉寺。内渠又成了村落的边界。宗族规定，叶姓本族的成员，房子必须造在双溪环抱之内。叶姓族人，只有死在双溪之内的，才能停厝祠堂，归葬祖茔。死于双溪之外的，不能入祠，归葬。另一方面，又严格规定，外姓人，除了铁匠和剃头匠之外，一律不许暂住在双溪之内。这个边界，保护着宗法制度下血缘村落的单纯性，把人们牢牢地束缚在封建关系里，束缚在土地上。

村落中有大大小小的水塘，它们从双溪上游引水，又向双溪下游排水。街巷边的水沟只用来排出雨水和污水，或直接通向内渠，或先排进水塘再排向内渠。

塘水只做洗濯、养鱼、放鸭，不能饮用。饮用水主要靠全村的六口水井。

图3-6 国戚第

台门位于祠堂前导空间之前，一般为单层，单开间，悬山屋顶，四棵或六棵柱子，有明显的侧脚。这是有序堂台门，有序堂为避道峰山的火气，把门改在侧面另建门台。明万历十二年叶氏祖先叶锡龙成为郡马，因此将"国戚第"大匾悬于此门，以彰显家族的荣耀。图为今日国戚第前有零星小贩做买卖。

经过长期建设，新叶村的生产用水和生活用水大体有了保障，这是新叶村得以存在和发展的根本条件。郭璞《葬经》写道：有了水，才能使"内气萌生，外气形成，内外相乘，风水自成"。这风水其实得自人们自己艰苦的劳动。

图3-7 新叶村水口
新叶村经过先祖叶克诚和叶一清等对水系的疏导，完成了新叶村最重要的供水和排水工程，它们供应全村人口的生活用水，宣泄山洪、雨水和污水，并灌溉着村子东南的水田。两条溪水在村东南汇集处是村子的水口，为了留住象征财的"水"，水口处建起文昌阁和抟云塔，计去水有情。这组建筑也成为新叶村的重要地标。

3.村落的结构

新叶村的核心是玉华叶氏外宅派的总祠"有序堂"。最早的住宅在它的两侧。从有序堂到道峰山之间的大片平地，是村子的"明堂"，不许有所兴建。

到崇字行分房派建造宗祠时，它们就以有序堂为核心分布在其左右和后方。每个房派成员的住宅造在本房派宗祠的两侧，形成以宗祠为核心的团块。房派到后代又分支的时候，再在外围造更低一层的宗祠，它两侧仍是本派成员的住宅。新叶村就这样形成了多层次的团块式的结构。

团块之间的街道是房派间的界线。它们与团块内部巷子的区别是在路中央顺向铺长石板条，两侧为碎石路面。其他街巷则只嵌碎石而没有石板条。

在自然经济的农业社会里，在封建的宗法制度下，新叶村的公共生活很不发达，这样的大村，全村只有一个公共中心，它在南塘和有序堂之间有一块狭长的空地。

这块空地是梯形的，长达80余米，东端宽5.5米，西端宽2.4米。每年农历三月初三，新叶村举行庙会，这里是主要的活动场所，小商贩在这里摆摊，非常热闹。村里有红白喜事，也多有一些仪式要在这里举行。

四、血缘聚落与宗祠

血缘聚落与宗祠

筑境 中国精致建筑100

新叶村建设的一个最重要的特点就是祠堂的发育非常典型，这不仅表现在它的祠堂数量多，而且，它的众多的祠堂等级层次分明，规格齐全，记录了大量历史的、民俗的信息。

在现存的《玉华叶氏宗谱》中有专门文字记录的祠堂有6座，即西山祠堂（又称祖庙）、有序堂、崇仁堂、荣寿堂、旋庆堂、永锡堂。而在《玉华叶氏宗谱·里居图》中画出的大小祠堂有13座，即西山祠堂、雍睦堂、有序章、崇仁堂、荣寿堂、旋庆堂、永锡堂、存心堂、启佑堂、由义堂、石六堂、常竹（堂）、瑞芝（堂）。实际上，在玉华叶氏的历史上存在过的祠堂数量有近30座之多。现在尚存大小祠堂12座。

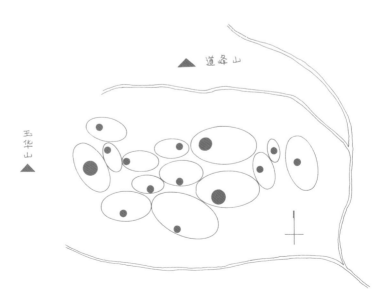

图4-1 以宗祠为核心形成的新叶村住宅团块体系示意图

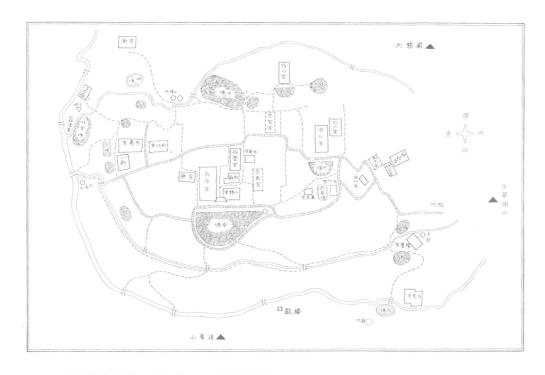

西山祠堂为玉华叶氏的总祠，有序堂是外
宅派的总祠，雍睦堂为里宅派的总祠。由于里宅
派自分支后人丁不旺，以后受经济实力所限再没
有分房祠堂。而其他20多座祠堂都是外宅派有
序堂的分房祠堂。新叶村总祠之下的各房祠统称
为"厅"。

主要祠堂的选址都有很重要的意义，起规
划性的作用。西山祠堂曾两度迁徙，最后迁回西
山冈。它面对10公里外的三峰山。三峰山的形
状有如"二子拜母"，是孝道的象征。而祖祠的
作用是敬宗收族，孝道正是它的核心思想。

外宅派总祠有序堂位于全村前沿的正中，
向北正对道峰山，整个村子都在它的背后。在
它前面，是一口底边长80米，矢高约40米的半

溪流 ═══ 大路 ～～～ 小路 ☐ 现存建筑 ☐ 已毁建筑

图4-2 新叶村宗祠分布图

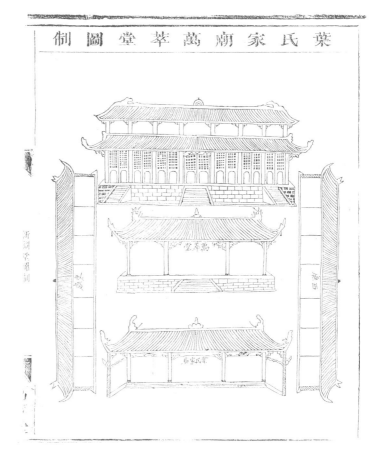

浙江新叶村

血缘聚落与宗祠

筑境 中国精致建筑100

图4-3 新叶村宗祠"叶氏家庙万萃堂图制"（西山祠堂图）

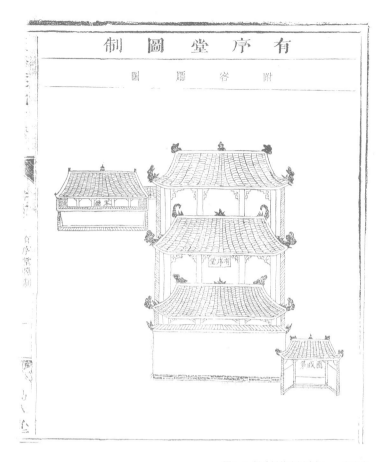

图4-4 新叶村外宅派房祠——有序堂

月形大水塘，道峰山作为"文笔峰"，倒映在这水塘中，形成"文笔蘸墨"的风水，照堪舆术士的说法，有利于全村的文运。除祖祠外，其余所有的宗祠都簇拥在它的两侧和背后。它们大多面对道峰山。因为它们都是房派住宅团块的中心，所以它们的位置和朝向就对村子的布局起了很大的作用。

血缘聚落中，祠堂分为不同等级层次，功能略有差异，可归纳为以下三种：祭祀中心、礼仪中心、娱乐中心。

祠堂最主要的功能是存放祖先神位，总祠与分祠的作用不完全一样。作为总祠的西山祠堂，大堂供奉着整个玉华叶氏的始迁祖叶坤的塑像及牌位，两厢左昭、右穆供奉着包括里、外宅在内的全宗族的历代祖先。为避免牌位拥挤，隔若干代须将若干祖先的名字合写在一块牌位上。有序堂仅供奉外宅派前七代祖先牌位，八代以下，牌位分别供奉在各分房祠堂内，没有建祠堂的分支，只能将牌位放置家中。

每年清明，叶氏宗族都要在祖庙举行一次盛大的祭典，前后长达半月之久。

祠堂是重要的礼仪场所，如婚丧大事，须在本支祠堂内操办，演戏也在祠堂里。

图4-5 旋庆堂内演大戏
祠堂大多有戏台，位于一进门厅的当心间，因此祠堂又是重要的家族娱乐中心。每逢年节宗族请戏班子演戏，少则三五天，多则半个月。戏台后面的太师壁，演出时悬挂"守旧"；两侧门为"出将"、"入相"。

五、祠堂的建筑形制

新叶村的祠堂虽然形制比较保守，但仍然有这个地区的特色，形制比其他地区的多。一般的祠堂多为三开间，纵向延伸，二进或三进，分门屋、祀厅、后厅，或者没有门屋。每两进中间为天井。其中，崇仁堂的形制很特殊，三开间，总面阔13米，一共四进，总进深为40米。在最后两进大厅之间中央有纵向过厅联系，形成一个工字形，过厅两侧各有一小天井，称"日月井"。祖祠，即西山祠堂，则是"中庭"式的，在院子正中满满地塞进一座正方形的敞厅。这种建筑形制的做法是这一地区祖祠形制的标准做法，在别处很少见到。

祠堂内主要大厅都在第二进，为祀厅。进深较其他各进大些，梁架也高大华丽。后厅进深往往最小。大厅和两庑都安放神橱、供奉祖宗牌位。大厅每递进一层，地坪就或大或小地升高，到最后一进成为整个祠堂的最高点。这种地平逐级升高的形式叫做"步步高"，有吉祥的象征意义。

在祠堂中，经济实力好的有戏台。有序堂、旋庆堂和荣寿堂及迁入三石田村的崇智堂都建有戏台，位于第一进门屋的明间，面积约略同于明间，面向第二进大厅。演戏时，天井及第二进大厅的前廊下为男子观戏场所，第二进大厅的前金柱之后为妇女观戏场所。两部分之间临时用矮栏杆隔开。

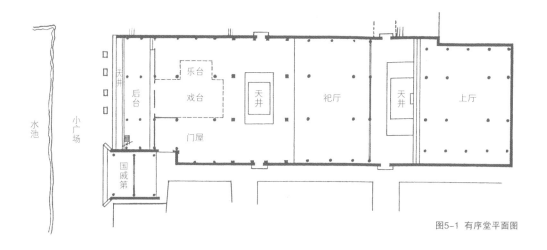

图5-1 有序堂平面图

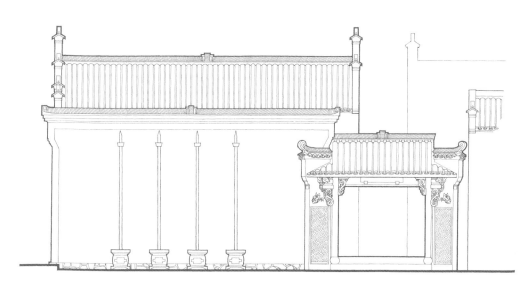

图5-2 有序堂正立面图

像许多宗族世家一样，玉华叶氏在创业之初就十分重视子弟读书，不但建有私塾、书斋、学堂，还有书院、文昌阁、文峰塔。宗族对读书有成就者给予奖励，还要在功名人所属的祠堂前设立"抱鼓石"、"上下马石"，"竖旗立座"。每逢喜庆日，还挂长幛于祠堂内，上面记录中试人的名讳、科举成就、官职等。

图5-3 新叶村有序堂内部

图5-4 有序堂戏台台口上的花板

戏台有副台，供伴奏的"武场面"用，太师壁后用作候场。次间的夹屋上是后台化妆室。

崇仁堂是新叶村中最高大、宽敞、华丽的祠堂，它的戏台很特别，是一个可以随时拆装的组合式活动戏台。每逢演戏，临时组装架设在祠堂前的半月形池塘上，面对祠堂大门，下面用木桩插入水中固定，上铺台板，将整个水塘用木板覆盖。上面用四根木柱支撑歇山式屋顶。这种戏台，不论阴晴均可演戏，村里人称为"雨台"。

祠堂的外部也有一定的格局。在新叶村现存的12座祠堂中，有6座的门前有较大的水塘，永锡堂与有序堂则共用一塘。祠堂前设水塘，首先决定于堪舆。祠堂大多面向道峰山，山为圆锥形，属于"火形"。所以，为防遭回禄（火灾）而作水池，"以水尅火"。有序堂与道峰山之间没有任何阻隔，除了辟大水池外，正面不设门，而是在门屋西侧开门，并在

图5-5 崇仁堂平面图

崇仁堂有四进大厅，最后一进供奉始祖的神主。这里不仅举办各种祭祀活动，还是厝棺之所。本房派的人死后，棺木依据死者的年龄停放在二进、三进或后进大厅内，不满十六岁而夭亡的不能进祠堂，在村外亡故者甚至不能进村中。

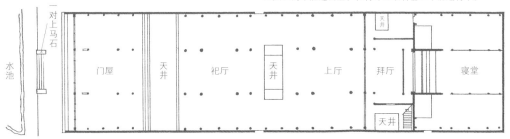

水池　一对上马石　门屋　天井　祀厅　天井　上厅　拜厅　寝堂　天井　天井

图5-6 新叶村总宗祠——万萃堂（西山祠堂）正面

图5-7 万萃堂（西山祠堂）内景/后页
万萃堂为中厅式平面格局，这是中间的祭厅。

巷口建一座台门。祠堂前的水池又象征着聚宝盆，明堂聚气，风水上是吉相。

祠堂的重要性，决定了它们的入口是整个建筑最吸引人的地方之一。许多祠堂主入口前有一个过渡空间，即前导空间。除了营造气氛之外，还因为祠堂内经常要举行各种公共仪式，它的入口前要留出足够大的空地作为疏导人群之用。这前导空间的主体是小广场，前有台门，背后有粉墙乌门的祠堂立面，大门前的旗杆、抱鼓、上马石等等，层次多，形式很丰富。

台门是祠堂前导空间前入口处的一种常用小建筑。它们的木构架虽然比较简单，但相当精致。在祠堂正面的衬托下，它们轮廓突出，增加了景观层次，有很好地视觉效果。有序堂西侧的台门与有序堂同期建造，因挂上了"国戚第"的匾额而称为"国戚第"。另两个还保留着台门的是存心堂和荣寿堂。

图5-8 有序堂梁架
祠堂不设楼层，一般大木构件雕饰较多，大厅前廊步常做成卷棚轩，后廊步多做成平板轩。在前后金柱之内，即五架梁的范围内，不做天花，梁架全部露明，构件整齐。在每步架椽檩之间的三角形内部做一种近于环形的构件，称"猫梁"；有的还雕出口鼻和双目，很有装饰效果。

六、耕读之梦

图6-1 有序堂中厅梁架细部
有序堂中厅前檐柱与前金柱
之间的构件及装饰效果。

　　在江南的血缘聚落中，一般都有文教性的建筑，新叶村的文教建筑则更具特色。

　　新叶村地处丘陵地带，起伏的丘陵像千顷海浪，村子像一只小船，风满白帆，从西北向东南飞驶。正当它要从两山之间的水口随波而去的刹那，也许是怕它天涯漂泊，永不回头吧，村民们用一根"宝桩"把它拴住了。这宝桩是一座砖塔。这座塔叫抟云塔，也叫文峰塔，取意《庄子》的"抟扶摇而直上"，抒发了村民对读书进仕的青云之路的向往。这座砖塔始建于明代隆庆元年（1567年），落成于万历二年（1574年）。大约300年后的清代同治年间，又在它脚下建起一座文昌阁。崇塔飞阁

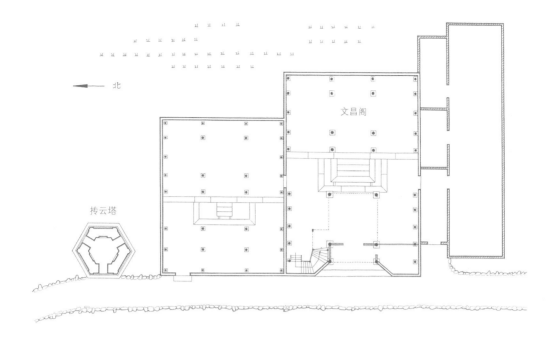

北

文昌阁

抟云塔

Ⅱ 稻田

图6-2 文昌阁与文峰塔（抟云塔）总平面图
文昌阁是全村最丰富、最华丽、最辉煌的建
筑，它胜过庙宇、甚至祠堂。它和抟云塔是全
村仅有的外向性建筑，供人们观赏，成为村落
重要的景观和标志。

与山水相映，见证了叶氏族人世世代代"朝为田舍郎，暮登天子堂"的耕读之梦。

1.抟云塔

走科举道路，虽说靠悬发锥股，仍然摆脱不了风水迷信。风水典籍《相宅经纂》说："凡都省州县乡村，文人不利，不发科甲者，可丁甲、巽、丙、丁四字方位择其吉地，立一文笔尖峰，只要高过别山，即发科甲。或于山上立文笔，或于平地建高塔，皆为文笔峰。"新叶村文运不旺，恰好村东的洼地太低，"巽位不足"，《玉华叶氏宗谱》中叶一清撰《抟云塔记》载，当时的一位堪舆师建议建塔，说："凡通都大邑，巨聚伟集，于山川起缺之处，每每借此（按指塔）以充填挽之助。虽假人之力，以俾天之功，而萃然巍然，凌霄耸兀，实壮厥观。"于是，"友松翁（按即叶天祥）暨弟侄辈拟于所居之东，叠级而层垣焉，使天柱之高标与玉华、道峰相鼎峙，以补巽方之不足也。"抟云塔正是一座文笔峰，它修补了新叶村的风水，维系着玉华叶氏对文运的憧憬。

叶氏宗谱《抟云塔记》载，明代隆庆年间初建时的塔"凡高一百四十尺有奇，围得高之三一，外辟通明之户者三，内为升高之梯者六，下作周廊，视其围倍之。"现存的塔，除底层的围廊已不知于何时因何故失去外，与明代初建时的情况大致相同。塔为砖构、筒状、六角、七层，外表面作粉刷。底层有三门，以

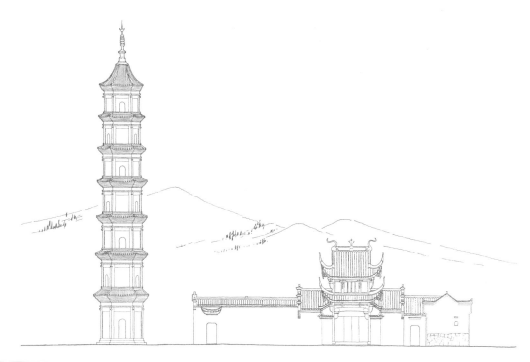

图6-3 文昌阁与文峰塔（抟云塔）正立面图

耕读之梦

筑境 中国精致建筑100

图6-4 远望文昌阁与文峰塔

为祈文运振兴，在村东南地势低洼的巽位建起
一座拎云塔，用来修补风水。塔建于明代，是
目前村中年代最早、最完好的古建筑之一，它
与文昌阁、土地祠组合在一起，给村落以生动
的轮廓，同时告示人们，农耕时代的耕与读的
重要和梦想。

图6-5 文昌阁与文峰塔

图6-6 文昌阁

文昌阁有两个功能，一是祭祀文昌帝君和魁星，二是供族中子弟读书会文，起书院或义塾的作用。新叶村文昌阁建于清同治年间，当时文昌阁与抟云塔被包围在繁茂的树林之中，宁静而凝重。

图6-7 文昌阁骑门梁上的雕饰/对面页

上各层三窗，相互错开。门、窗均为发券。各层腰檐有瓦陇。塔刹为石制，重叠5个大石盘。总高30余米。底层每边宽2.4米。

2. 文昌阁

　　文峰塔建成之后300多年，在它脚下又造了一座文昌阁，同样为了祈求文运。不过，在这位置先后建造文峰塔和文昌阁，也是为了加强关拦"水口"。新叶村的双溪在村东与外溪先后汇合，向东流去，这里是全村的"水口"。据风水之说："水口关拦不重叠，而易成易败。"虽有小山关拦，但还不够，加一座文峰塔，仍嫌层次不够，所以再造一座文昌阁。到民国初年，又在北侧，紧靠文昌阁建起了一座土地祠，进一步增加了水口封锁的层次。

　　民国初年，经过50年风雨飘摇的文昌阁部分坍塌，遂于1915年在原基地上重修。以后又

浙江新叶村

耕读之梦

⊙筑境
中国精致建筑100

图6-8 文昌阁骑门梁雕饰图案

经多次修缮。现存文昌阁为木结构，分为前后两进。前进为三开间，明间前辟门，两侧有八字墙。明间宽4米，进深3.28米，上面建楼，重檐歇山。翼角高耸，前端装饰着一条鲤鱼，"鲤鱼跳龙门"，象征举业的成功。正脊两端置铁铸龙首鱼身吻，尾部细长，摆动着高高伸向天穹，意喻学子们"青云直上"。吻的最高点为9.50米。大门正面的木构件上都布满雕饰，尤其华丽的是明间檐枋和出挑用的牛腿。雕刻构图巧妙，内容丰富，人物、动物、花草的造型生动如有气息。有戏曲场面、民间传说人物，有读书人喜爱的"四君子"——梅、兰、竹、菊，也有回纹卷草组成的图案。墙面上还绘有彩色的、很写实而不作程式化的鸡、鱼、猪、狗等，乡土生活气息十足。

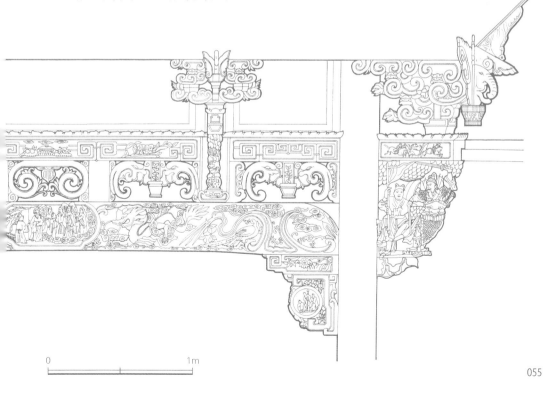

0　　　　　　　　　1m

后进也是三开间，尺寸与前一进相仿，单层，无雕饰，与前一进楼阁建筑形成鲜明对照。前后进都向天井一面敞开，形成一个内虚外实的围合式院落。

3.重乐书院

为鼓励读书仕进，玉华叶氏早在叶克诚时代就兴办了自己的书院，当时取名"重乐精舍"，后改名"重乐书院"。

据《玉华叶氏宗谱·叶氏书院记》载："世族大家，比有书院之建所，以崇儒重道为弟子藏修游憩之地，事之最有补于风教者也……在元有重乐书院，东谷太翁（按即叶克诚）所建……今日之书院虽荒芜，而址与名则犹存焉。""今在儒源上新屋左手大麦地内，败瓦残垣依稀尚可辨识"，"前门三间，正堂三间，两厢共六间，缭以周垣"。儒源村位于道峰山和玉华山背后的峡谷里，新叶村西北约七八里。这里遗世而隐，利于子弟"藏修游憩"。

图6-9 文昌阁翼角/对面页
文昌阁的梁枋雕饰细密，高翘的翼角刺向天穹，反映了村民们读书入仕的梦想。马头墙的墀头处绘着极富乡土气息的鸡和鱼，谐音"吉"、"余"，表达了乡民们对美好生活的热爱与向往。

叶氏书院是讲学与研读相结合。一度曾由宋元间的大理学家，浙东学派的金仁山来主持。著名的学者柳贯、许谦、叶由庚、徐见心等曾来访问，渐渐形成杂姓聚集的小村，取名"儒源"，保留至今。重乐书院于明初颓败，一直没有再恢复。

4.官学

书院虽败，但私塾和义学犹存。到清末又开办了一所官学堂，紧靠着村南的石塘，环境幽雅而宁静。学堂为九开间对合式，每间面阔均为3米。正屋除明间外每二间为一厅，一共四厅，靠天井一侧开大片格扇窗，为讲堂，明间为神堂，供文昌帝君。倒座屋却窄而矮，进深仅有1.8米，每一小间之间都有木板分隔，靠天井一侧做成不能开启的楞木方格窗，是书斋。这种特殊的建筑形制，很适合学校的功能。官学堂目前只剩靠中央的两间正厅，十分残破，但里面仍恭恭敬敬地供奉着文昌帝君的塑像。

七、居住建筑

新叶村目前共有明代建造的老住宅约5.6幢，清代建造的住宅100幢左右，而民国时期所建的住宅有50幢左右，新叶村古老住宅之所以能够保留较多，主要有以下几个原因：

第一，这个村庄太偏僻，太封闭，外面的大千世界已经演完了一本书，这个小山村的历史才翻过最初的几页。

第二，这个血缘聚落的家长制宗法观念极盛，宗祠有严格的规定限制住宅的买卖，尤其不能卖给外姓。居民不轻易拆掉祖上建造的房屋，只有自然倒塌或水、火灾害而毁坏，才能在原基地上重新建造。

第三，这村庄比较贫穷，商品经济十分不发达，生活水平从明代以后一直呈下降趋势，所以，住宅更新的速度很慢。因此，新叶村近三分之一以上的住宅还是建于明清时期的老住宅。

1.住宅形制的演化

新叶村的住宅形制，无论是平面、立面，还是室内外的装饰，都明显地与皖南、赣北的住宅近似。住宅沿不十分平坦的坡地建造，性格内向，高大封闭的白粉墙将每一户人家密实地包围在一个个窄小的天井院之中，内外的界

图7-1 俯瞰古村落/对面页

浙江新叶村 | 居住建筑

筑境 中国精致建筑100

图7-2 新叶村落春日景观

图7-3 南塘
新叶村内均匀分布着许多水塘，为村民的生产生活提供方便，改善小环境，还是重要的消防蓄水池。沿水塘而建的房子高高低低，倒映水面，灵秀悦目。

图7-4 街巷/对面页
街巷是团组状的住宅群之间，或住宅群与祠堂之间的剩余空间。巷子曲折多变、高高低低，两侧是封闭的墙壁。走在巷子里，人们会感到村子并非由住宅组成，而是由巷子组成的。

限十分明确肯定，秘密性很高。玉华叶氏住宅基本模式从明代就已定型，即三合院和三间两搭厢。

《明史·舆服志》载："庶民庐舍，洪武二十六年定制，不过三间五架，禁用斗栱、饰彩色。正统十二年令稍变通之，庶民房屋架多而间少者，不在禁限。"新叶村的住宅始终恪守这个"不过三间"的规定。"三合院"由三间正房、两厢和天井组成，厢房只有一间，天井很浅，当地称为"三间两搭厢"。

三合院又称"对合式"，比较少见。它是一个连续的单体，两厢仍然只有一间，天井很狭窄。

当"三间两搭厢"及"对合式"的基本单元不能满足居住需要而扩大时，则向纵深发展，前后串联，构成"日"字形，即有前后两

个院落的住宅。这种组合方式便于分期扩建、接建，不论扩展到什么程度，都不失基本单元本身的完整性。

新叶村明中叶兴建的老宅子，尺度一般都比较大，而且较有情趣。当年村落人少，住宅疏松，一些大家在建宅之余，还要建独立的书斋，辟属于自己的花园，栽种花草，开池养鱼。一些没有能力建造独立的花园的人家，就在宅前宅后辟一方不大的院落，种植花卉草木，小水池内养着浮莲、游鱼。清代以后，村内住宅密度增大，当年的花园逐步变成新房宅基，一些书斋，如明代村内有名的梅月斋，东园书斋等均改做一般住宅。当年的花园有的只剩痕迹，而大多数只有靠地名，如梅园、东园、竹园、桂花园以及家谱里的诗、文和传说唤起一点点回忆了。

随着贫富差别的日益加剧，到清代中叶，住宅形制发生了相应的变化。富人除了增加主体住宅，在辅助建筑中还增加了专为长工建造的长工屋。

人口的增长使新叶村住宅增加，村落的建筑密度增大，越来越紧凑，街巷也越来越狭窄。住宅规模因而不断缩小，清代小于明代，民国小于清代。但出现了新的住宅建筑形制，住宅面积的使用更趋合理和实用。正房二层或者也连厢房二层一起向天井方向出挑，形成"坐窗"，增大了二层的使用空间。而且，二层的高度增加，使它由原来的仅适于储藏变

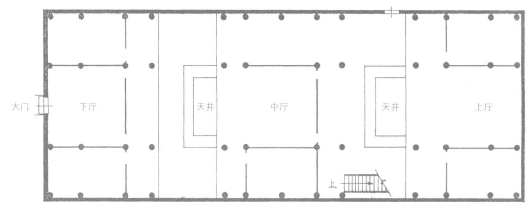

a. 前后两进式

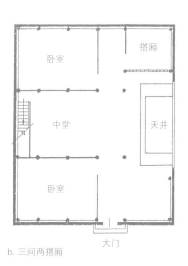

b. 三间两搭厢

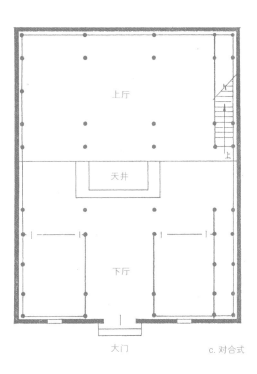

c. 对合式

图7-5 三种住宅平面形制图

前后两进式、三间两搭厢和对合式（三合院）是新叶村住宅平面的三种形制。由于新叶村的地形有高低变化，建造住宅时，通常先在一块不规则的地基上裁出"三间两搭厢"或"对合式"住宅主体的方整地块，然后利用四周不规则的边角地建辅助房，如厨房、柴房、猪圈、牛栏、厕所等。正是因为地形有高低变化，及地段的不规则，新叶村的住宅显示出了不同的立面效果，使整个村落景观十分丰富。

为也适于居住。同时，住宅的工程质量不断提高，装饰多了，细致而华丽。

虽然住宅用地紧张了，但人们仍不愿开辟新的房基地，不愿到双溪之外建房，那将喻示着脱离了家族。按村民传统心理，靠近宗祠起码能显示血缘亲情。为了将住宅挤在宗祠的四周，不得不舍弃花园，于是，有钱人将全部用心转向于住宅内部围绕天井的一圈装饰上，这也是建筑形制演变的一个重要特点。

2. 住宅各部位的使用功能和空间处理

在住宅空间的使用中最重要的是正屋明间的厅堂及前檐。由于厅堂通常不做门窗，它的空间直接与宽阔的廊檐下和天井相接，连成一体。开敞通畅，在很大程度上减弱了住宅的封闭局促的感觉。当天井中绿化茂盛时，这个连续空间就很有生气。一般在大厅后墙前贴四扇樘门，称太师壁，或者就称樘门。太师壁正中通常挂中堂，中堂多是吉祥题材的国画，如"松鹤长春"、"福禄寿喜"之类。两侧有红对联。壁前放一张雕刻十分华丽的长条案，条案上置香炉、烛台、掸瓶。条案前放八仙桌，两侧置太师椅。这是家庭中祭拜神主、婚娶拜堂，以及执行家教家规的地方。因此这里是家庭中十分严肃的礼仪场所。在正厅的前廊及天井相连的部位，光线充足，十分敞亮，平日这里是家庭起居、进餐、接待宾客的重要地方。小孩子就在这里读书、写字、玩耍，主妇们则在这里缝补、操持家务，老年人也常将小竹椅

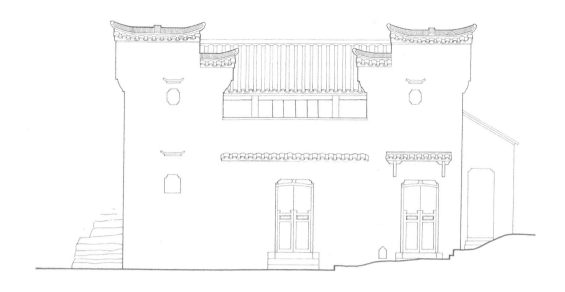

图7-6 三间两搭厢住宅的立面图（王静 绘）

搬到这里，与晚辈们谈天，聊家常，因此，这里是生活气息最浓的场所。

卧室通常位于住宅楼下的次间，偶然也在厢房。次间的卧室，房门开在堂屋的前部，也有开在前面廊下的。这段廊子，位于次间和厢房之间，叫"四尺弄"。厢房的门也开在"四尺弄"。对合式住宅、后进次间的卧室称"上房"，前进的称"下房"。由于卧室在"四尺弄"开窗，光线被厢房阻挡，所以屋内昏暗，通风极差，除睡眠外，居民很少进卧室。为了防潮、冬季保暖，富裕人家，卧室四周墙上都做槁板，地面架木地板。

厨房大多不建在住宅主体单元里，当一套"三合院"或"三间两搭厢"建成后，厨房及其他辅助房屋就盖在主体建筑之外，紧贴主体住宅、单层、一面坡，有门与主体建筑相通。在自然经济条件下，商业极不发达，农家必须自己制备各种食品，厨房内要磨豆腐、做年糕、酿酒、腌咸菜等，是个农家小作坊，而且，又要储藏有关的工具和成品，所以厨房占地较大，但多是在房基地上除去主体单元后所剩的不规则地段，所以形状往往不规则，面积和位置也不固定。

新叶村住宅外部封闭，高大的封火山墙顺屋面斜坡，从屋脊向前后檐部跌落二至三层。在村落景观中，住宅的个体消失了，只有大片连成一体的白粉墙，要强调出住宅个体，只能通过门头的形式和装饰。因此村民们十分注意对自家宅门的装点修饰。门有石库门和木披檐门，还有比较简单的，只做砖叠涩门檐。在大门扇的外侧还常有一对半高的矮门。木披檐门比较华丽，牛腿上有雕刻。石库门之上常绘彩饰，吉祥图案或文字或虎头、八卦等。大门扇上贴门符、对联。门扇素面本色，门联一般为红色，有丧事的人家用蓝色。门钹和门锁等常常颇有装饰性。

八、结构和装饰

图8-1 巷道

由于墙高巷窄，人们十分注重门头的修饰。有石库门、木披檐，凹进去，凸出来，做雕刻，贴门联，挂艾蒲，形成一幅幅十分丰富而有韵律美的图画。门额上有的绘八卦、三叉戟和老虎头等以辟邪，也有门额上题写字匾的，如"惠风和畅"、"群峰会秀"、"芝兰挺秀"等，极少数的以方砖浅刻字匾。支撑披檐的牛腿样式也格外丰富，不但装饰了自家的住宅，也装饰了整个街巷。

图8-2 双美堂花园/对面页

村中保留的最早的建筑是明代中期建造的。当年村中住宅稀疏，一些大户人家在建宅之余，还要建独立的书斋和花园。到清中后期人口增加，村内地段越来越紧凑，花园多被占用。20世纪初双美堂住宅的花园，仅有36平方米，有二间半敞廊和三间敞厅傍一汪小水池。敞厅南侧有门通入书房。

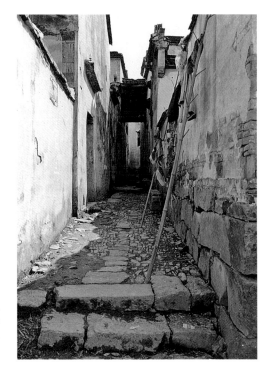

1.结构

当地工匠将屋面斜率——步架宽度与举高的比率，称为"分水"。从檐口到屋脊，每步架的分水越往上越大，所以屋面是呈弧线状。

大木构架也有生起和侧脚的做法。生起即边榀的柱子高于中榀的柱子。侧脚即各榀的柱子都向房屋的中轴线略略倾斜。但大多数房屋全被封在四面高大的封火墙之内，一般只有生起。而那些独立的，外向的小建筑，如台门、大门、文昌阁等则不但用生起，也用侧脚，使建筑形象稳定，内聚力强。

图8-3 住宅前檐装饰
住宅中，重点装饰在搭厢前檐。通常下面垒槛墙，中段为六扇格扇，上部是横披窗，格心图案变化很多，但无非两类，一类是棂子纵横组织而成，一类是冰裂纹。二者均可用开光。

2.装饰

新叶村虽然是个大村，但从来没有发展过商业，也没有出现过外出经商的人。所以，民风质朴，它的建筑装饰是比较少的。石雕、砖雕不发达，但木雕仍达到很高水平。

木雕装饰在住宅中主要有两个位置，一个是附于小木装修；一个是附于大木构架。

附于小木装修的木雕装饰，重点在厢房的前檐。横披扇上通常有三个"开光"，即在格心中央和它的两侧做一个扇形或八角形等的框子，里面裱上图画，或镶一块玻璃。槛窗的

图8-4 坐窗

正房明间的楼上，有时还加上厢房的楼上，前檐向前挑出"坐窗"，从二层楼上的槛墙以上挑出大约40—50厘米，形成悬窗。楼上的槛墙其实是板壁，外表有时贴上栏杆样式的槟花格与之相配。

格心中偶然也有"开光"。槛窗格心上下各有一块花板，都有浮雕，尤其以下面的一块，叫锁腰花板的，浮雕特别精美。花板的题材比较多，有戏曲场景、民间传说故事、琴棋书画、暗八仙、花卉山水等。少数格心中央也做雕饰，有圆雕、薄浮雕，选材多是博古、文房四宝之类。

附于大木构架的雕饰有两种：一类是把构件整个加以造型变化，例如梁上大坐斗下的垫座做成荷叶形，梁架上檩子之间椽子之下的斜向构件做成卷曲的蝙蝠，或称"猫拱背"等。另一类则是在构件表面做或深或浅的雕刻，比较复杂而精致，是大木构架上雕饰的基本部分。在祠堂和庙宇，装饰主要集中在厅堂的前后檐，在住宅，则集中在正房明间的前檐梁枋上。这里位置重要，光线明亮，高度适当，便于观赏。

装饰化处理最强的是悬挑性的承托构件，主要是向前凸出的承托挑檐檩的构件组和相似的住宅里承托楼层坐窗的构件组。其次是梁枋两端之下仿佛替木的构件，当地叫梁托，这类悬挑件需要在视觉上显得轻巧，向前凸出的构件格外抢眼，所以它们就成了装饰化处理的重点。而题材仍不越出福禄寿喜、吉祥富贵等内容。

前檐构架上的雕饰集中在明间檐枋上，它正面迎着来人。大门梁或者是月梁或者在底面和两端稍稍倒棱而略呈弧形。在它的中央，

图8-5 种德堂正屋牛腿出挑示意图（邹苹 绘）

图8-6 荷花柱（又称垂莲柱）

在厢房及廊房纵横的檐枋搭接处，为加强节点的装饰性，下部做成荷花柱。荷花柱的样式很多，有花篮式，有花卉式，有瓜形，还有几何纹式。在荷花柱与梁枋间往往还做一片卷草，配上梁头上两道相对而卷的虾须，装饰作用很强。

有一框近于圆雕的高浮雕，通常是喜庆的人物故事，如"百寿图"、"百岁拜帅"、"天官赐福"等，也有刻"聚宝盆"或者"笔锭（必定）如意"这类图案的。这种框子当地叫"开光"。梁两端作深而锐的阴刻曲线，向内再向上反卷，当地叫"龙须"，给弧形的骑门梁一个深圆而丰满的结束。

九、立基造房

在新叶村，建造房屋，不论公共建筑还是私人住房，都要组织一个专门的班子，由大木工、小木工、雕花工、石匠等组成，并委托一位老木匠带班子来设计。设计前，先请堪舆师来相地选址定向，然后由老工匠画出简单的地盘图和屋架图，估工估料。备足木料后，老木匠师傅做一套标明构件尺寸和榫卯位置的竹签制尺，叫"造篾"。木工根据造篾下料加工，营造工程就开始了。

下料先从正厅的一榀梁架的前小步柱、栋柱和后小步柱开始。将这三棵木料的下端，即伐木时斧子砍成的锥形部分先行锯下，这三块木头称为"班头"，人称这三块木头为"鲁班"、"班妻"、"班母"。这三块锥形木块锯下时不得落地，由屋主人捧住，然后放在漆盘中，供奉在原住宅的"上横头"。到"踏栋"之日，再将三块木头迎往工地，放在供桌上拜祭。

图9-1 班头
红漆描金的提篮里放着三个"班头"。班头是新屋屋架小步柱、栋柱和后小步柱三根木柱的端头。有人说它们代表鲁班、班母和班妻，也有说代表鲁班及他的两个徒弟——大木工和大泥水工的。班头在建房仪式里是很重要的供祭对象。

图9-2 立木架

一般三开间的房子有四榀屋架。拼装齐全之后，再把它们竖起来，再拼装檩（桁）、枋和穿条，把四榀屋架联结成一完整的木构架。不过，这个木构架并没有最后完成。立好的木架，中央的栋梁两头并未接榫，要待到踏栋仪式后，再行接榫。

经过选料、齐柱脚、弹墨线、刮木取直、开榫卯等工作，备齐所有木构件。在备料的同时或略后，在建房现场平整地基，请"马甲将军"。"马甲将军"是一张书有"天无忌，地无忌，年无忌，月无忌，日无忌，阴阳无忌"和"姜太公在此，大吉大利"的红纸，将它贴在工地上，以求保佑建造顺利。基地平整后，由泥水匠或石匠定好柱网中心线，安放平磉，即柱础下的一块方石板。再把柱础位置用墨线弹在平磉上。

然后，将备好的木料运到现场，拼装成一榀榀"梁架"，每榀梁架栋柱顶上的榫卯缝里夹进一叠红黄蓝绿黑五色布。每拼装完一榀屋架，就把它竖立起来靠在山墙上，竖齐四榀，便就位，先放好柱础，再把梁架立在柱础上。当全部构架竖立完毕后，只留明间的栋梁（即脊檩）不入榫卯，在卯口垫一支"造篾"，等待堪舆师择黄道吉日，举行隆重的"踏栋"仪典。

踏栋前，先在脊檩中段盖一方红布，挂上筛子、万年青并交叉地立两根青竹。

图9-3 百姓生活中使用的绣品（荷包）

尽管乡村生活有时会十分清苦，但人们对美的追求却始终是那样执着，在走家串户中，我曾看到许多编制精细、线条优美的竹编，看到许多品质上乘的绣品，以至用来搓麻绳用的瓦板，也都雕刻出盛开的花朵。

仪典这天，在房屋明间地中央设供桌，供上先前留下的三只"班头"及果盒、香烛、肉米饭、豆腐等祭品。人们热烈地聚集在一起，前面坐的是事主、堪舆师、工匠老师傅和宗族中的长者。吉时一到，随着一声高喊，由事主恭请木匠头和泥水匠头，腰扎红布带，手握大木槌登场。洗脸吃过点心之

后，木匠头手握木槌先向左边中榀屋架的前大金柱打去，祭栋这时真正开始了。再打右边中榀屋架的前大金柱，然后是左后金柱和右后金柱。一边打一边唱：

"一打金鸡叫，"泥水匠和"好！"

"二打凤凰住，"和"好！"

"三打百无禁忌，"和"好！"

"四打四柱落地，"和"好！"

和好之后，木匠在右，泥水匠在左，各自登梯向明间中央脊檩两端上攀。木匠边攀边唱：

"脚踏金梯银梯步步高，"泥水匠和"好！"

"八仙过海捧仙桃，"和"好！"

"柱子头上状元郎。"和"好！"

攀列位置后，木匠接唱"开光大吉"，唱词与"马甲将军"上写的一样。木匠每唱一句，泥水匠照跟着和一声"好！"

接着再唱"护身咒"。唱毕，木匠和泥水匠分别抽掉垫在正栋梁两端卯口的"造篾"，打入榫卯，整个木架最后宣告完成。

随着最后一槌的响声，放起火炮。同时，早已在架上等待的其他工匠将印有红喜字的馒头抛向四方围观者。人们热热闹闹地，向上双手"合十"接馒头或躬身"作揖"拾馒头，一派恭喜祝福的气氛。馒头又称"兴隆"，梁上抛馒头有祈祷日日兴发，年年隆盛之意。逢造祠堂，以抛银锞、银圆代替抛馒头，但宗祠派人张开布单接住，银锞、银圆依旧归宗祠公有。抛撒不过是象征性的礼仪，取个吉利，以图宗族发达罢了。

这之后，举行"回红"仪式，事主捧起三块"班头"，匠人师傅等护送它们出村，在水口百步之外，将它们抛在外溪水中，慢慢冲走。在溪畔，简单地设祭。纸钱、元宝烧尽后，踏栋的全部礼仪宣告结束。

这套"踏栋"仪式，既隆重庄严，又喜气洋洋。兴建房屋、祠堂或住宅，是宗族或家庭的头等大事。为了它们，需要节衣缩食，多年积攒。所以乡民们在建房仪式上倾注着那么深的感情。

十、小结

筑境 中国精致建筑100

新叶村保存有完整的村落格局、不同时期的各种类型的建筑物，还有一部完整的《宗谱》，是较为理想的研究中国古村落建筑文化的课题。

在近年的乡土建筑研究中，我们调查了许多不同类型的研究对象，有区域性的，也有独立的个体，但像新叶村这样理想的完整村落却不多。

这个研究从一开始就着意避免孤立地研究住宅，建筑本身及建筑技法和类型。因为孤立地研究建筑本身，很难发掘出蕴含在乡土建筑中丰富的历史文化和民俗生活，因而也就难以理解这些建筑和聚落。因此，我们力争把乡土建筑作为乡土文化的一部分去研究，运用系统、关联、动态、发展、比较的方法，去揭示乡土建筑和乡土文化相互依存，相互作用的历史。

新叶村有一定的文字资料，有大量保存完好的建筑和未经改变的村落规划格局，它为我们运用新的研究方法，提供了很好的典型。遗憾的是，这次研究在比较方法的运用上有所欠缺。要进行不同地域，不同文化圈的建筑比较，首先要进行普查工作。这项工作耗费时间长，投入人力多，还需充足的资金，很难实现。况且，目前大量珍贵的建筑文化遗产正在迅速毁灭，没有时间等到普查之后，再去进行研究，而只有加快工作速度，尽可能多得到一些资料，以给后人留下一份历史记录。

在研究中，我们尽可能把各种类型的建筑当作一个系统性的整体，分析它们之间和它们与聚落整体之间的结构关系。同时把聚落或区域的整体当作乡土生活的物质条件，当作民俗文化的载体来研究。结合乡土文化，结合民俗生活，只有这样，才能全面准确地阐释乡土建筑，并且使它们富有活力。

乡土建筑研究是一项十分艰苦的工作，但又是一项十分有意义和有价值的工作，我们将会不断地进行下去。

大事年表

朝代	年号	公元纪年	大事记
宋	宁宗嘉定年间	1208年	始祖（叶坤），字德载，行千五一世，迁玉华，赘夏氏
		13世纪上半叶	叶氏家族分支，嫡长子系统的后代为"里宅"，次子系统的后代为"外宅"
	淳祐十年至元至治三年	1250—1323年	叶克诚，是叶坤之孙，外宅派掌门人，因出谷济赈后"辟任婺州路判官"，被推为"乡贤"，成为玉华叶氏家族历史上最声名显赫的人物
	景炎二年至元至正十四年	1277—1354年	叶震，叶克诚之子，"治《春秋》，登皇（明）壬子乡荐，授江西安福县县尹，课最，擢刑部郎中，升河南廉访副使"。叶氏家族的重要人物
		13世纪后半叶	叶克诚率众从玉华山引来双溪水，修建人工沟渠。同时选定、规划下玉华叶氏聚落的位置和朝向
元	元初	1271年—	叶克诚、叶震共同主持第一次编制宗谱；在村东南西山冈建立祖庙，称西山祠堂；在距新叶村七、八里的山坳间建造了一座重要书院。并请了理学家金仁山先生主持
	元代中叶		正对道峰山修建了外宅派总祠有序堂
	泰定三年	1326年	泰定帝褒奖叶震父母叶克诚及其妻唐氏
	天历元年	1328年	文宗帝敕命叶震为河南肃政廉访司副使并褒奖妻金氏
	元末	约1364—1368年	朱元璋义军曾驻扎新叶村东南山冈，后称"军营畈"； 在村北一里路的山冈上建一座防御性建筑鼓楼

朝代	年号	公元纪年	大事记
	明初	约1368—1378年	明太祖朱元璋诰封叶伯章为劉授要卫总管之职
	宣德元年至宣德十年	1426—1435年	外宅派壮大,先后建起五座分房祠
	成化年间	1465—1487年	叶文山建东园; 叶良鲸在梅园内建书斋,取名梅月斋。自号梅月翁; 村落发展达到鼎盛,叶天祥(1486—1561年)执掌九思公之职十二年,是叶氏宗族中又一重要人物
	弘治年间	1488—1505年	外宅派智宪、智宝等人迁往村南方三石田建起新的村落三石田村
	正德年间	1506—1521年	扩建有序堂
明	嘉靖年间	1522—1566年	叶一清(1517—1583年)任族中九思公之职,与父叶天祥主持兴修、整顿了原有水渠,并修建桥梁,用河卵石铺设村中道路
	嘉靖十年	1531年	将祖庙西山祠堂迁至抟云塔下,扩建为两进,改名称为"万萃堂"
	隆庆元年	1567年	在村东南巽位上建造一座文峰塔。一座水口亭
	万历二年	1574年	叶一清主持重新编修叶氏宗谱,使玉华叶氏与徽州、歙州叶氏联宗; 在村西北,玉华、道峰两山之间修建了一座玉泉寺; 叶锡龙赐婚京山王之孙女,受诰封为"郡马"并带一部分叶氏族人迁往河南开封陈留集定居
清	康熙九年	1670年	将"万萃堂"重新迁回西山冈、扩建祖庙规模、并恢复原名西山祠堂,建制保存完好

筑境 中国精致建筑100

朝代	年号	公元纪年	大事记
清	康熙三十年	1691年	叶元锡中康熙辛末科进士，后历任湖广德安府城县河南开封府阳武县县尹
	乾隆癸卯年	1783年	夏月，完成将始祖的坟茔从紫福山迁至新叶村西北冈阜的工程
	嘉庆十三年	1808年	有序堂扩建重修
	同治年间	1862—1874年	在文峰塔下建造了文昌阁；玉泉寺边建造一座白云庵
	同治末年	1870—1874年	建一座五谷祠
	光绪末年	1898—1908年	村中建一座官学堂；叶金留学日本，获法学学士；重建白云庵，一并改奉五圣，称为五圣庙
中华民国	民国初年		叶桐留学日本，获化学博士
		1915年	重建文昌阁。官学堂改为居敬轩，颐养叶氏鳏寡老人
		1919年	修缮文昌阁，并紧靠文昌阁北侧又建一座土地祠
		1925年	有序堂火毁重建
		1936年秋	第十次重修玉华叶氏宗谱

图书在版编目（CIP）数据

浙江新叶村／李秋香撰文／摄影. —北京：中国建筑工业出版社，2014.10
（中国精致建筑100）
ISBN 978-7-112-17018-0

Ⅰ.①浙… Ⅱ.①李… Ⅲ.①村落-建筑艺术-建德市-图集 Ⅳ.① TU-862

中国版本图书馆CIP 数据核字（2014）第140646号

©中国建筑工业出版社

责任编辑：董苏华 张惠珍 孙书妍 孙立波
技术编辑：李建云 赵子宽
图片编辑：张振光
美术编辑：赵 清 康 羽
书籍设计：瀚清堂·赵 清 周伟伟 康 羽
责任校对：张慧丽 陈晶晶 关 健
图文统筹：廖晓明 孙 梅 骆毓华
责任印制：郭希增 臧红心
材料统筹：方承艺

中国精致建筑100

浙江新叶村

李秋香 撰文/摄影

中国建筑工业出版社出版、发行（北京西郊百万庄）

各地新华书店、建筑书店经销
南京瀚清堂设计有限公司制版
北京顺诚彩色印刷有限公司印刷

开本：889×710 毫米　1/32　印张：2⁷/₈　插页：1　字数：123 千字
2016年12月第一版 2016年12月第一次印刷
定价：**48.00**元
ISBN 978-7-112-17018-0
　　　　（24387）